第三次新疆综合科学考察科普作品

天山谷地的馈赠

伊犁河谷的生态农业

王　健　吴文良　邢　琦　等　著

中国农业大学出版社
China Agricultural University Press
·北京·

内容简介

本书系统展现伊犁河谷自然与农业生产协同共生的图景。全书分为三卷，第一卷“伊犁风华”，勾勒出伊犁河谷得天独厚的自然基底；第二卷“天山谷地”，聚焦沃野、森林、草原与城镇的空间格局，揭示生态资源支撑多元发展；第三卷“塞外耕香”，深入河谷九县一市，呈现智慧农业、循环农业、药旅融合等特色农业模式，彰显传统农耕智慧与现代科技的深度融合。书中配以百余幅高清实景图，以视觉化语言还原“塞外江南”的地理风貌与人文肌理，为读者展示伊犁河谷生态保护与经济发展兼容的时代景象。

本书既是了解伊犁生态农业的科普读本，也可作为农业从业者、地理研究者的实践参考。通过真实案例提炼，既满足大众对塞外绿洲生态文化的好奇与探索需求，也为专业人士提供产业创新与生态治理的启发，是一本融知识性、实用性与审美价值于一体的综合性科普著作。

图书在版编目（CIP）数据

天山与谷地的馈赠 ：伊犁河谷的生态农业 / 王健等著. -- 北京 ：中国农业大学出版社，2025. 3. -- ISBN 978-7-5655-3439-3

Ⅰ. S-0

中国国家版本馆CIP数据核字第2025CF5155号

审图号：GS京（2025）1431号

书　名　天山与谷地的馈赠　伊犁河谷的生态农业

Tianshan yu Gudi de Kuizeng　Yili Hegu de Shengtai Nongye

作　者　王　健　吴文良　邢　琦　等　著

策划编辑　张　程　　**责任编辑**　张　程

封面设计　王　健　李尘工作室

出版发行　中国农业大学出版社

社　址　北京市海淀区圆明园西路 2 号　　**邮政编码**　100193

电　话　发行部 010-62818525，8625　　读者服务部 010-62732336

编辑部 010-62732617，2618　　出　版　部 010-62733440

网　址　http：//www.caupress.cn　　**E-mail**　cbsszs@cau.edu.cn

经　销　新华书店

印　刷　天津鑫丰华印务有限公司

版　次　2025 年 3 月第 1 版　　2025 年 3 月第 1 次印刷

规　格　185 mm × 260 mm　　16 开本　　7.25 印张　　96 千字

定　价　58.00 元

第三次新疆综合科学考察

伊犁河流域农业资源调查与生产结构布局优化项目

资助出版科普读物

王　健 | 总策划

王　健 吴文良 邢　琦
王庆刚 郭一翰 曹逢羽 朱水益 | 著

杜曼·阿力木赛提 杜　磊
郭启平 刘　廷 杨佳林 | 图片提供

王　健 王庆刚 王振华 盛响元
邢　琦 章　慈 郭一翰 张恒瑞 许宇帆 | 摄

支持单位：
中国农业大学土地科学与技术学院
中国农业大学资源与环境学院
中国农业大学中国土地政策与法律研究中心
伊犁哈萨克自治州农业农村局
伊犁哈萨克自治州科学技术局
伊犁哈萨克自治州新源县人民政府
伊犁哈萨克自治州新源县科学技术局
新源县阿勒玛勒镇人民政府

致谢：
徐志坤 李　鑫 朱艳君 邵静远 何诗杰
杜曼·阿力木赛提

目 录

天山脚下，伊犁河畔
一颗镶嵌在西域的明珠

第一卷

伊犁风华

伊犁物产丰饶、风景瑰丽、气候宜人。伊犁之美，美在天山的巍峨、美在伊犁河的蜿蜒、美在喀拉峻湖的梦幻。

伊犁河谷经纬度范围：

42° 14'N–44° 50'N

80° 09'E–84° 56'E

外向：伊犁哈萨克自治州（简称伊犁州）西北接哈萨克斯坦共和国，东北临俄罗斯联邦、蒙古国。

内邻：伊犁州东邻昌吉回族自治州与巴音郭楞蒙古自治州，西南与阿克苏地区毗邻，西北面中段与博尔塔拉蒙古自治州相依，中嵌克拉玛依市。

伊犁哈萨克自治州得名于伊犁河，史称伊列、伊丽、伊里等。伊犁哈萨克自治州辖塔城、阿勒泰两个地区以及 11 个直属县市，首府设在伊宁市，是全国唯一既辖地区，又辖县市的自治州。

大地经纬　区位

伊犁河谷面积约 5.6 万平方千米（中国境内部分约 4.5 万平方千米，其余属哈萨克斯坦共和国），包括

2 个县级市：伊宁市、霍尔果斯市；

1 个自治县：察布查尔锡伯自治县；

7 个县：伊宁县、霍城县、巩留县、新源县、昭苏县、特克斯县、尼勒克县。

阿尔泰山脉

天山山脉

准噶尔盆地

昆仑山脉

天山之灵 地脉

“三山夹两盆”：伊犁地跨准噶尔盆地南北两翼，地处天山山脉、阿尔泰山脉和准噶尔西部山地之间。

塔里木盆地

天山山脉是世界七大山系之一，是世界上最大的独立纬向山系，也是世界上距离海洋最远的山系，还是全球干旱地区最大的山系。

天山山脉横跨四国（中国、哈萨克斯坦、吉尔吉斯斯坦和乌兹别克斯坦），全长约 2 500 千米（中国境内约 1 700 千米，占地约 57 万平方千米），南北平均宽约 350 千米，最宽处超过 800 千米，是伊犁河的发源地。

伊犁州地处欧亚大陆腹地，距离海洋遥远（距离最近的海洋——印度洋超过 2 600 千米，距离我国渤海约 3 000 千米）。

为什么伊犁河谷气候温暖而湿润呢？最大的“功臣”是：大西洋暖湿气流。

欧洲山脉相对低矮，呈东西向分布，中纬度地区西风带盛行，大西洋暖湿气流通行无阻，跨越惊人的 6 000 多千米，流向伊犁河谷，遇伊犁河谷东部天山地形阻挡，气流抬升，冷暖交汇，在山前地带形成丰富降水，使得伊犁河谷温暖而湿润，赢得了“塞外江南”与“瀚海湿岛”的美誉。

大西洋暖湿气流通道

河谷韵律　降水

伊犁降水量分布图

受三面环山海拔差异影响，降水量在伊犁河谷呈现不均匀性。

年均降水量

山地 500～1 000 毫米

谷地 300 毫米

注：降水量数据来源于国家青藏高原科学数据中心。

水系织锦　河流

伊犁河谷地表水资源主要源于天山山脉的融化积雪和大西洋暖湿气流在河谷形成的降水。

伊犁河谷水资源年径流量居全疆首位，地表水主要通过冰川积雪、河流、湖泊、沼泽等汇集和传输。在伊犁河谷形成了四条主要地表径流：伊犁河、特克斯河、喀什河和巩乃斯河，河谷地表主要径流总长度超过 1 624 千米；

伊犁河谷分布着 8 个天然湖泊，总面积达 4.5 平方千米，这些湖泊大多形成于河流的尾闾地带，或是多条水系的汇聚之处。

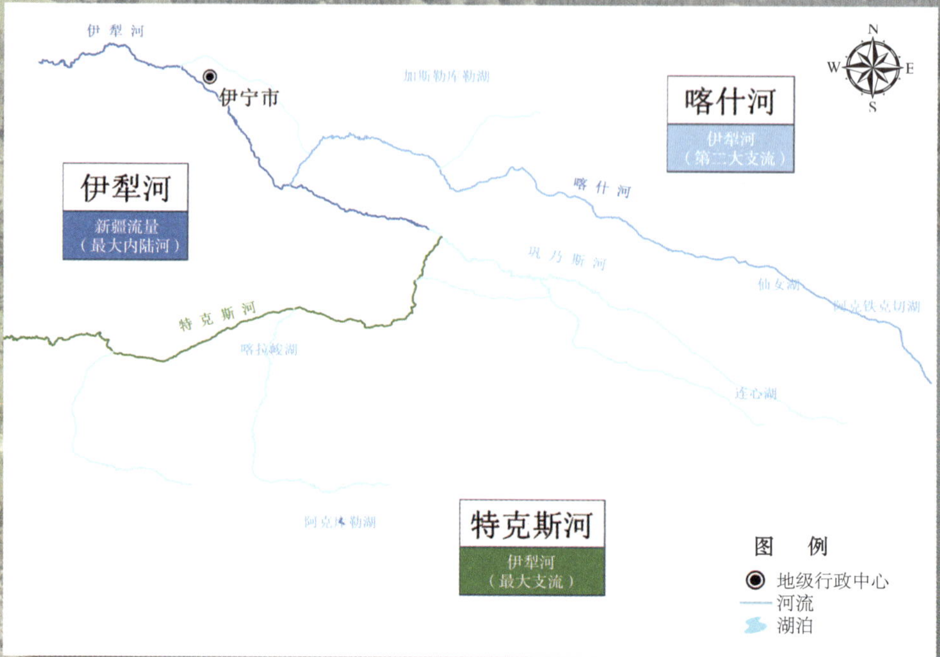

注：数据根据中国科学院资源环境科学与数据平台发布的全球线状和面状水系数据（2023）计算所得。

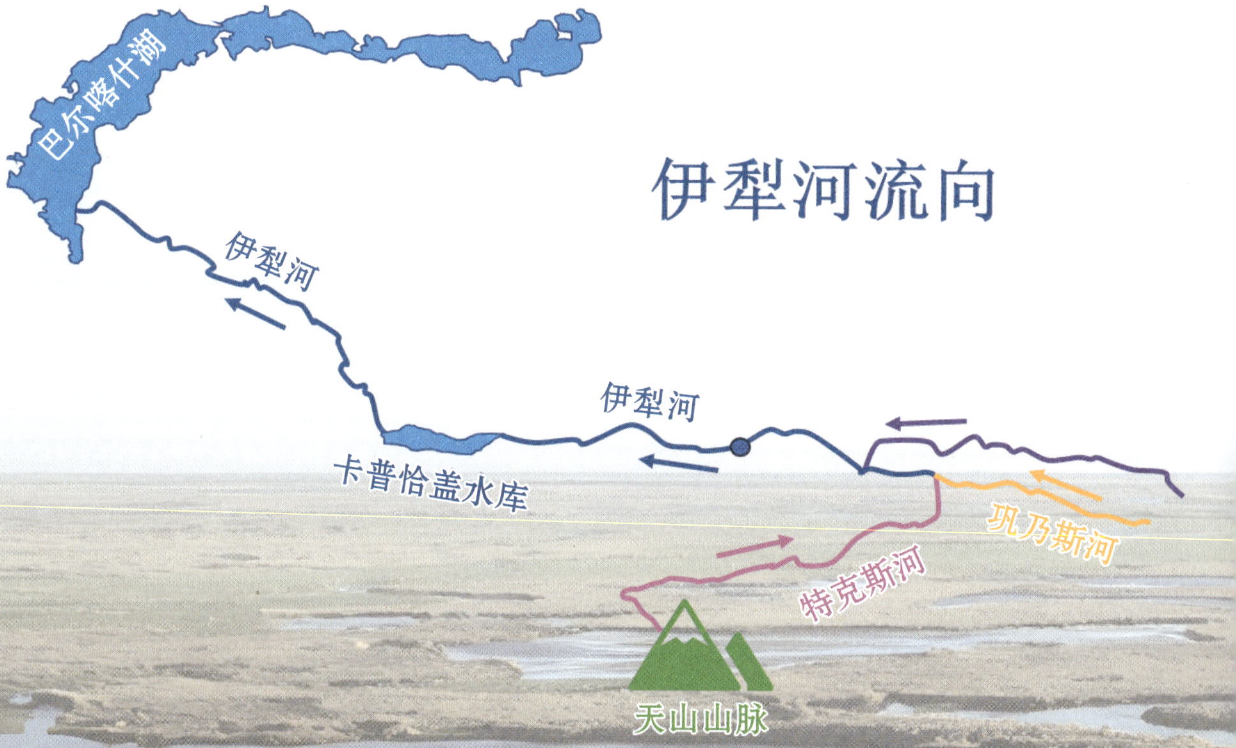

注：河流数据来源于中国科学院资源环境科学与数据平台提供的全球面状水系数据（2023）。

伊犁河是一条跨国河流（流经中国与哈萨克斯坦），由特克斯河、巩乃斯河和喀什河三大源流组成。伊犁河是伊犁河谷第一大河流，也是新疆流量最大的内陆河，从源头至巴尔喀什湖（位于哈萨克斯坦共和国境内）全长约 1 236.5 千米。

伊犁河在我国境内长约 484.5 千米，流域面积约 5.8 万平方千米。

伊犁河主源为特克斯河。特克斯河发源于天山汗・腾格里峰北侧，自西向东流经昭苏盆地和特克斯谷地，与巩乃斯河汇合，巩乃斯河口下游正式称为伊犁河。源于天山山脉的喀什河在伊宁县雅玛图湿地汇入伊犁河。

伊犁河从雅玛图湿地流经伊宁县、伊宁市、察布查尔锡伯自治县、霍城县、霍尔果斯市后，流出国门，进入哈萨克斯坦共和国境内，流入卡普恰盖水库，后穿过沙漠最终流入巴尔喀什湖。

伊犁河风光

沃土无垠，寸土生辉
田园牧歌的勃勃生机

第二卷

天山谷地

在这片神奇的土地上，耕地肥沃，森林奇俊，碧草无垠，绘制了一幅和谐、有序的农、林、牧、草、居共生画卷。

沃野千里　农地格局

水田面积

1.89 万公顷（28.31 万亩）

占比　**2.61%**

水浇地面积

58.54 万公顷（878.08 万亩）

占比　**80.99%**

旱地面积

11.85 万公顷（177.74 万亩）

占比　**16.40%**

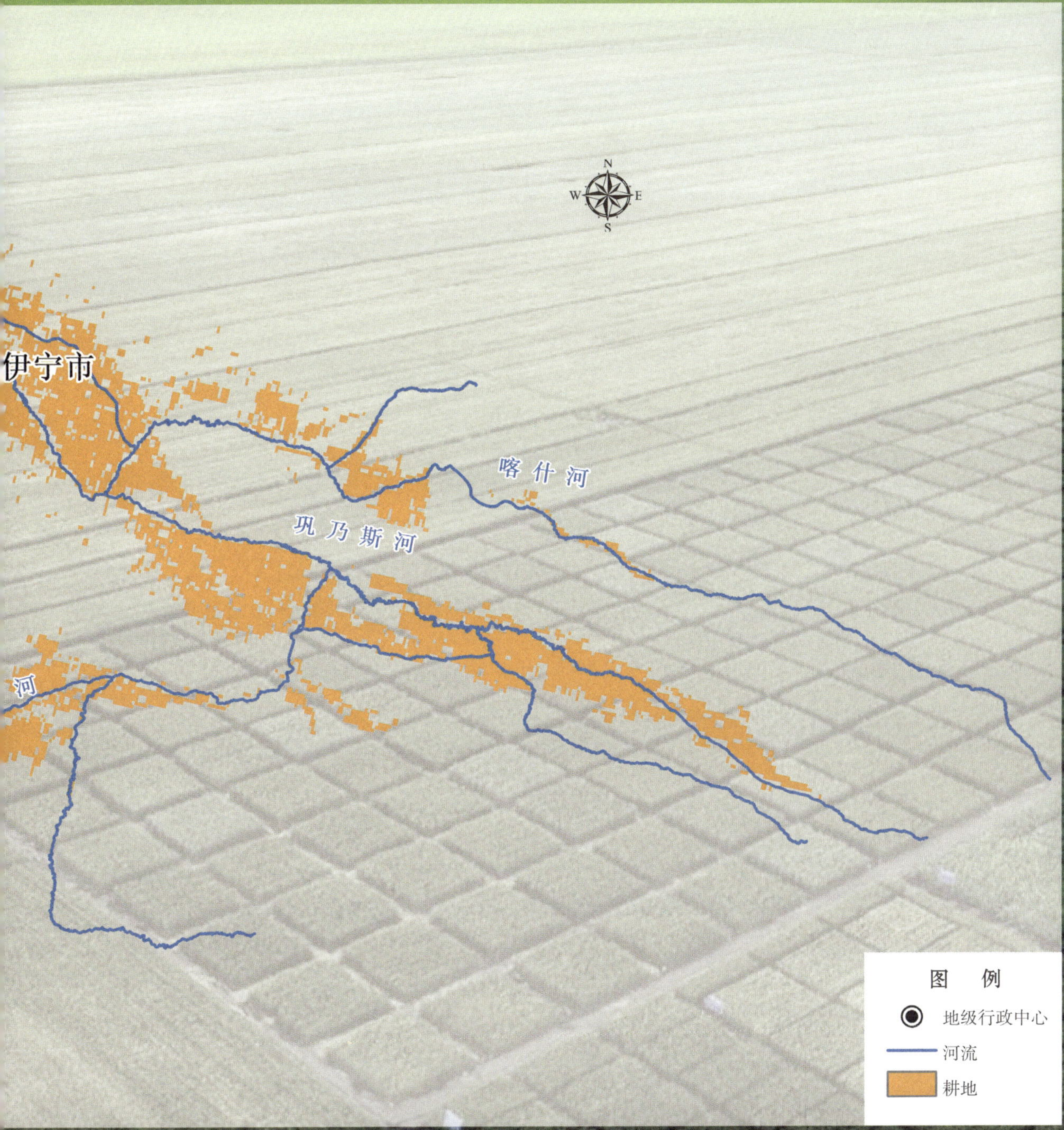

伊犁耕地分布图

注：伊犁耕地分布图数据来源于中国科学院地球资源数据云平台提供的全国 1 000 米土地利用类型遥感监测空间分布数据（2023）；耕地面积数据来源于《伊犁哈萨克自治州第三次全国国土调查主要数据公报》。

伊犁河谷耕地以水浇地为主，地势平坦，超过 80% 的耕地坡度在 2° 以下。土壤富含黏土矿物和有机质，具有良好的保水和抗旱能力，适宜玉米、小麦、油菜、棉花、苹果、葡萄等农作物生长。

奇林俊翠　森林格局

乔木林地面积

49.38 万公顷（740.69 万亩）

占比　69.17%

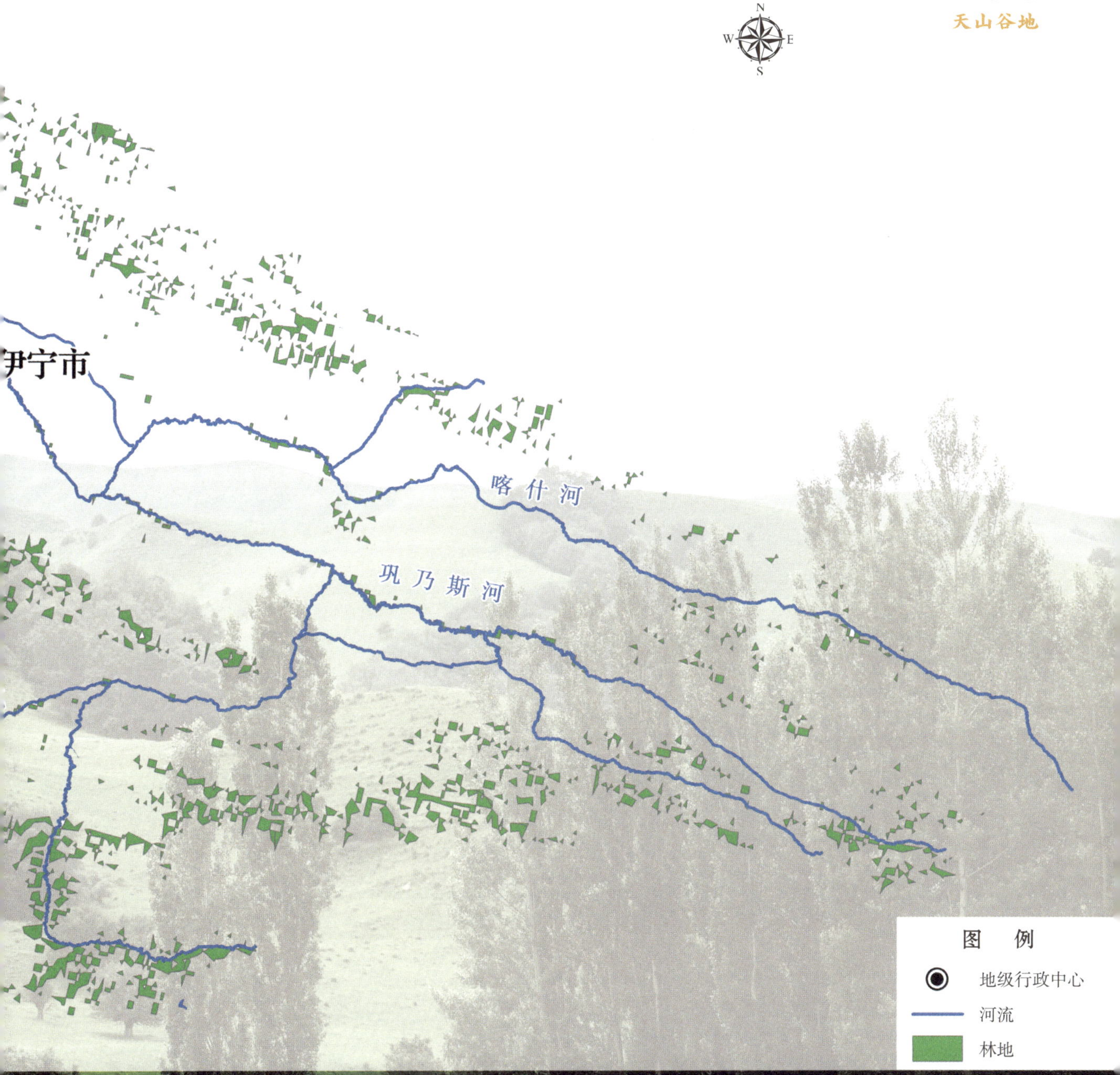

伊犁林地分布图

灌木林地面积

19.54 万公顷（293.05 万亩）

占比 27.36%

其他林地面积

2.48 万公顷（37.20 万亩）

占比 3.47%

注：伊犁森林分布图数据来源于中国科学院地球资源数据云平台提供的全国 1 000 米土地利用类型遥感监测空间分布数据（2023）；森林面积数据来源于《伊犁哈萨克自治州第三次全国国土调查主要数据公报》。

伊犁河谷的天然林广泛分布在山地和平原的局部地带。天然林的主要类型有山地针叶林、山地阔叶林、山地灌木林、河谷林、荒漠河岸林、荒漠灌木林等。其中，针叶林是伊犁河谷森林的主要组成部分。

碧草无垠　草原格局

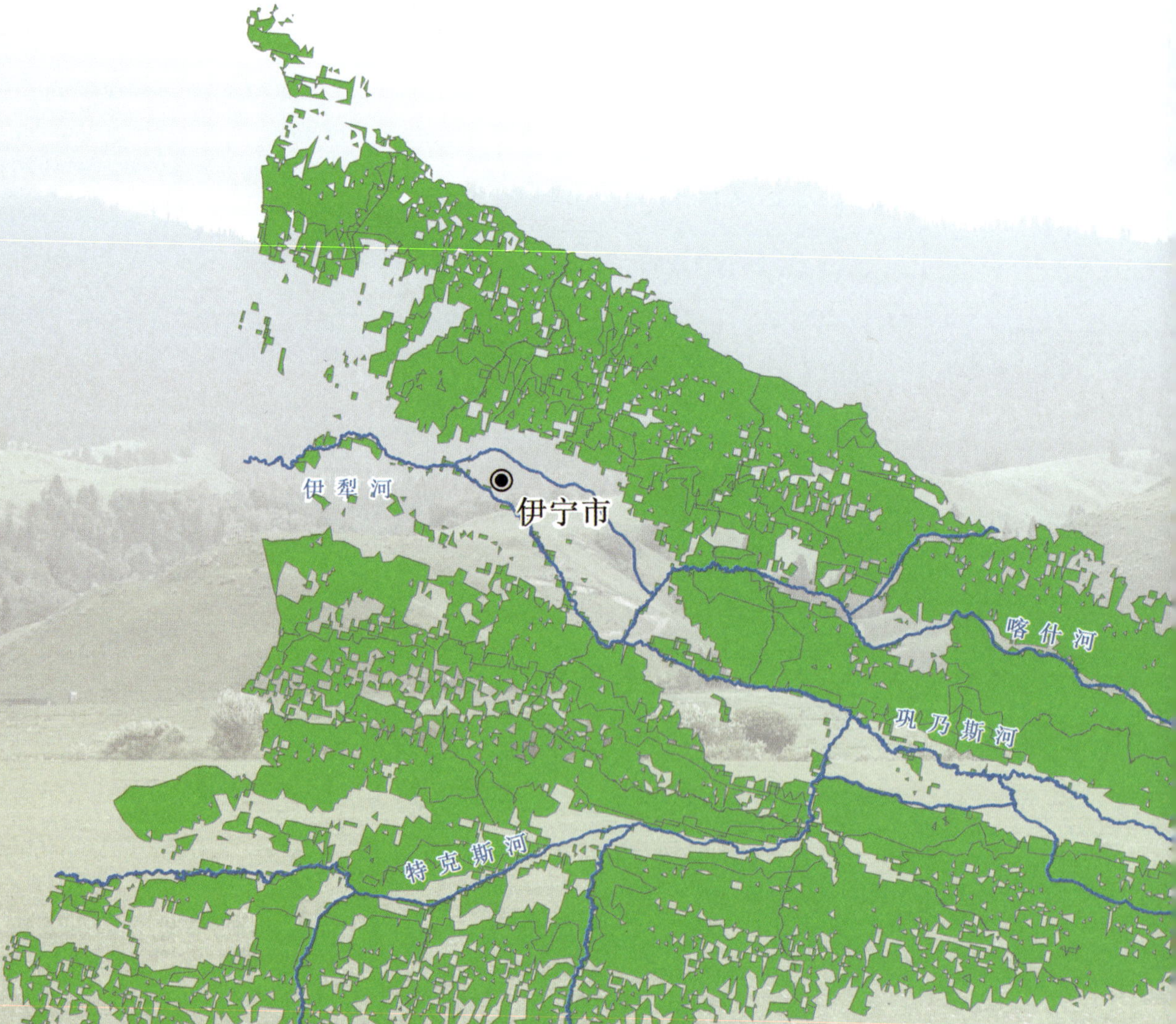

伊犁草地分布图

天然牧草地面积

317.79 万公顷（4 766.80 万亩）

占比 **95.41%**

其他草地面积

9.59 万公顷（143.89 万亩）

占比 **2.88%**

人工牧草地面积

5.69 万公顷（85.29 万亩）

占比 **1.71%**

注：伊犁草地分布图数据来源于中国科学院地球资源数据云平台提供的全国 1 000 米土地利用类型遥感监测空间分布数据（2023）；草地面积数据来源于《伊犁哈萨克自治州第三次全国国土调查主要数据公报》。

随着地形的起伏变化，伊犁河谷的草原类型呈现丰富多样的特点：从高山之巅的高寒草甸，到山麓之下的山地草地，再到平原地区的低地草地，每一种类型的草原都展现了独特的生态特征和景观风貌。

高寒草甸

山地草地

低地草地

依水而憩　城镇格局

沿河两岸，城市居民点星罗棋布，依水而居。

注：伊犁居民点分布数据来源于中国科学院地球资源数据云平台提供的全国 1 000 米土地利用类型遥感监测空间分布数据（2023）。

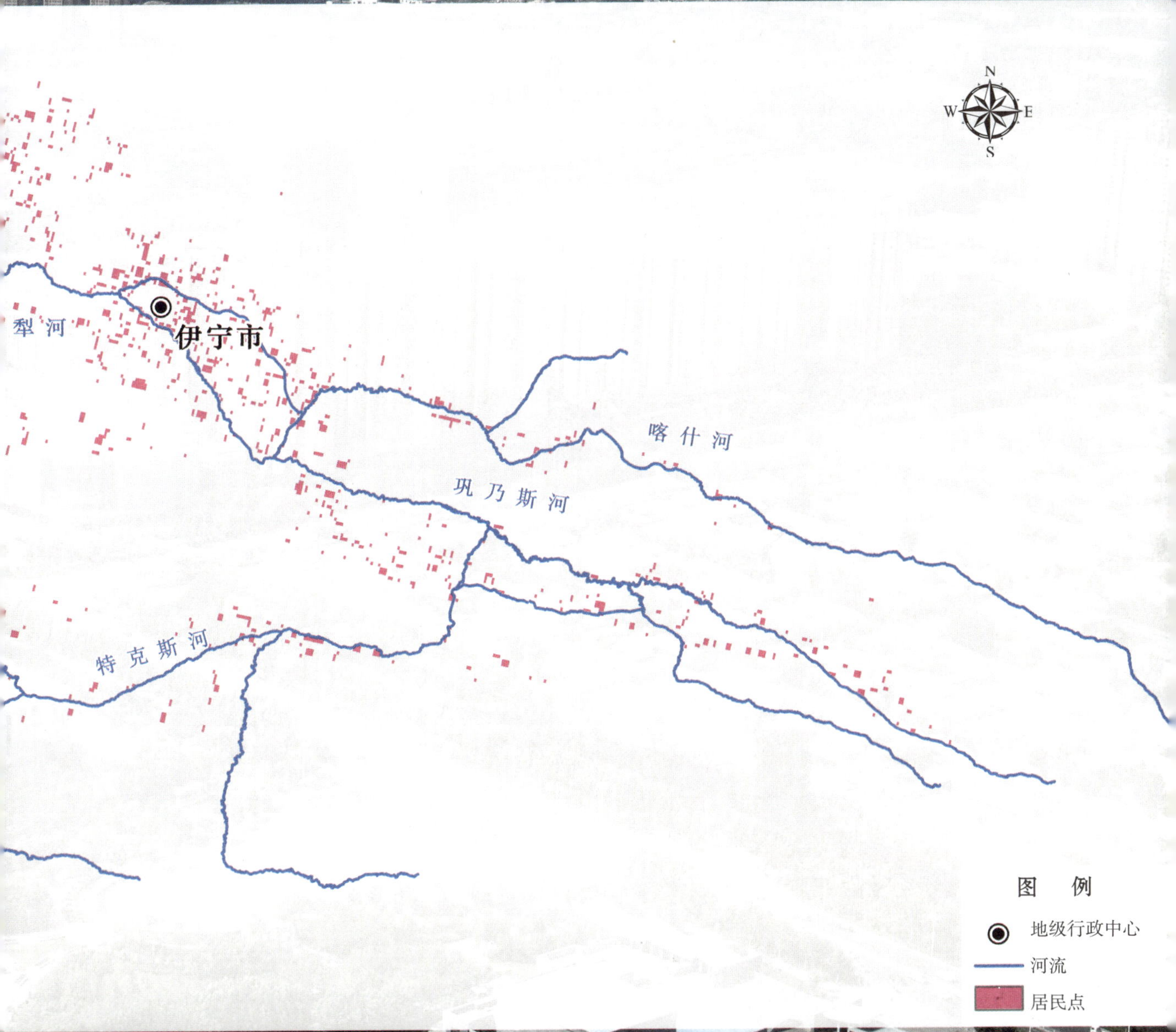

伊犁居民点分布图

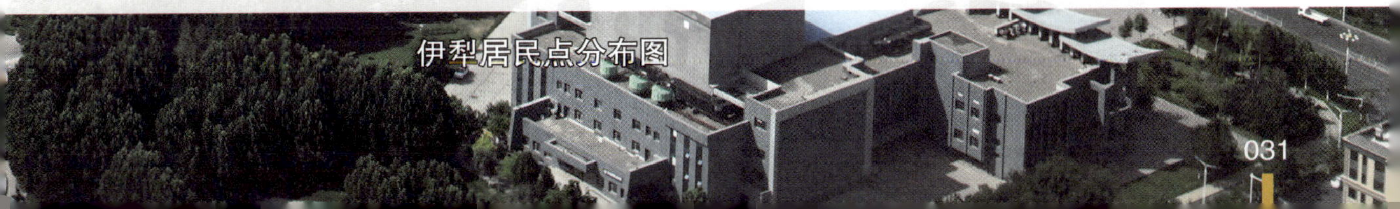

伊犁河穿城而过，将伊宁市划分为南北两岸。南北两岸沿河而建的伊犁河景观大道长约52千米，河上的10余座桥梁将两岸紧密相连。

瀚海湿岛，农牧合奏
生态农业探索之旅

第三卷

塞外耕香

伊犁水土充沛、天气温润、物产富饶、风光旖旎，号称“塞外江南”“瓜果之乡”“瀚海湿岛”。

霍城县
（绿色育苗，“蔬”写财富）
霍尔果斯市
（科技赋能，生态增效）
霍尔果斯市
霍城县
察布查尔锡伯自治县
（塞外米香，稻鸭共生）
伊宁县
伊宁市
察布查尔锡伯自治县
巩留县
昭苏县
特克斯县
昭苏县
（乌孙故地，油菜之乡）
特克斯县
（解忧之城，千年果香）

伊宁市
（特色引领，多元发展）

伊宁县
（天山花海，丰产金穗）

尼勒克县
（天山蜜语，蜂之精品）

巩留县
（天山药谷，药旅整合）

新源县
（生境优质，畜势腾飞）

伊 宁 市

地域范围

伊宁市地处伊犁河谷盆地中央，位于伊犁河北岸，东连伊宁县，西接霍城县，南与察布查尔锡伯自治县隔伊犁河相望，北靠天山支脉科古尔琴山，总面积 789 平方千米。

色彩斑斓的边境之城

伊宁市是伊犁哈萨克自治州的政治、经济、文化中心，丝绸之路经济带核心区重要城市，丝绸之路北道的陆路要冲和重要商埠，东西方文化交流荟萃之地，是中国西部最大的边境城市，伊犁河谷重要的物资集散地和工业中心，素有“花园城”“苹果城”“白杨城”的美称。

打造特色高效农业

全市以城郊型农业为着力点，发展现代设施农业，扩大特色作物种植规模。在种植业结构调整上，着力提升蔬菜、食用菌、甜菜、花卉、中药材等优势特色产业规模，促进农业增产增收。

871.2 万盆
盆栽花产量

7 280 亩
中草药材种植面积

0.76 亿元
花卉园艺及中草药材产值

注：花卉及中草药材数据来源于伊宁市统计局。

多元发展 特色引领

培育产业化联合体　助推乡村振兴

产业化思维、生态化方式、市场化手段

伊宁市由单一的农副产品生产向全产业链延伸拓展，实现农业增效、农民增收；通过引入农业企业，构建集“花卉种植、绿色蔬菜种植、农业观光”为一体的示范基地。

羊肚菌生态种植

羊肚菌生态种植采用土壤排水良好、有机质丰富的林下或温室环境，保持适宜湿度与温度，利用稻草、木屑等自然材料作为培养基，实现无污染、可持续生产。

花卉规模化生态种植

农产品精深加工产业已形成以粮油、肉制品、蜂蜜、芳香植物、乳品加工、特色林果、中药材为主的产业布局。

秉持“生态高效”和“可持续发展”原则，采用基质栽培方式等生态高效生产技术，确保花卉种植对当地的土壤、水质和空气零污染，且不造成农业面源污染。

农产品精深加工

借助龙头企业带动、农旅融合，打造农业深加工企业全产业链，实现第一产业、第二产业、第三产业深度融合，推动农业集约化、规模化、现代化发展。

霍尔果斯市

地域范围

霍尔果斯市地处中国西部边陲，西与哈萨克斯坦共和国接壤，北与温泉县相邻，东与博乐市、霍城县相接，南与可克达拉市毗连，市域面积 1 908.55 平方千米。

新疆口岸之首

霍尔果斯市的霍尔果斯口岸是中国向西对外开放的重要窗口，中哈两国间的重要陆路通道，也是丝绸之路经济带上的关键节点，居新疆口岸之首，集公路、铁路于一体，促进了中哈贸易往来与文化交流，是连接中国与中亚、欧洲的重要枢纽，具有重要地位。

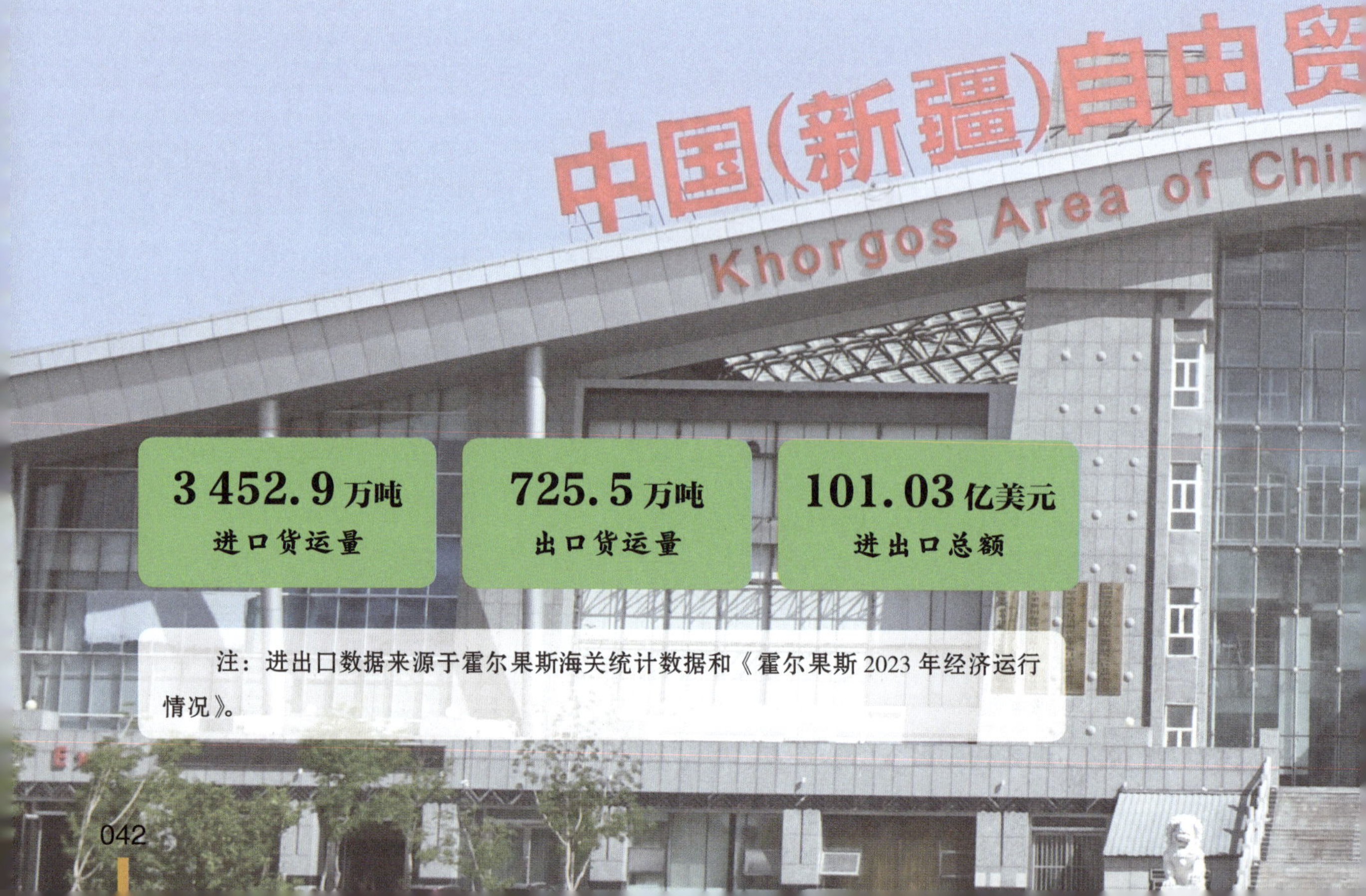

3 452.9 万吨
进口货运量

725.5 万吨
出口货运量

101.03 亿美元
进出口总额

注：进出口数据来源于霍尔果斯海关统计数据和《霍尔果斯 2023 年经济运行情况》。

科技赋能 生态增效

全国名特优新农产品

霍 尔 果 斯 番 茄
霍尔果斯樱桃番茄
霍 尔 果 斯 葡 萄
霍 尔 果 斯 蟠 桃

以国际市场需求为导向，统筹利用国外和国内两个市场、两种资源，依托霍尔果斯大型龙头企业，实行“六个统一”种植管理，打造农业国际贸易高质量发展基地，促进优势农产品出口。

科技赋能生态农业：霍尔果斯现代农业科技产业园建设有机果蔬生产区、科研培训区和物流加工区，以纯天然绿色水果蔬菜种植为主，建设集种植、育苗、分拣、包装、冷藏、物流、观光、销售为一体的设施农业生态园区。

以椰糠作为栽培基质，运用双层高分子功能膜覆盖、多层次管道加热、二氧化碳回收利用等高效生态生产技术，实现自动浇水、施肥以及温度、湿度和光线强度控制。

番茄每个主茎可以长出6～8个花序，一根藤结果47次，采摘期长达9个月，亩产超过30吨。与传统土壤种植的番茄相比，其钙含量是普通番茄的6.6倍，铁含量是普通番茄的12.2倍。

伊 宁 县

地域范围

伊宁县坐落于伊犁河谷中部，县域东界与尼勒克县相邻，西界则与伊宁市及霍城县相连，南面紧依蜿蜒流淌的伊犁河，并与察布查尔锡伯自治县、巩留两县隔河相望。

历史悠久的农牧业大县

伊宁县历史悠久，其前身可追溯至清光绪十四年（公元1888年）创建的“宁远县”，得名于其境内的县治“宁远”。1914年，更名为伊宁县，是伊犁哈萨克自治州中设治历史最为悠久、人口最多的农牧业大县。

冬小麦种植

2023年伊宁县冬小麦大面积示范田实收测产，亩均实收782.9千克，创下全国最大面积冬小麦单产最高纪录。

36.89亿元
农业产值

136.7万亩
农作物种植面积

114.1万亩
粮食作物种植面积

注：农业生产经营数据来源于《伊宁县2023年国民经济和社会发展统计公报》；冬小麦平均亩产数据来源于新疆伊宁县人民政府。

丰产金穗　天山花海

天山花海——薰衣草

伊宁县集中连片化种植薰衣草2.2万亩，望眼尽阔、紫海云天、通城留香，与远处雪山遥相呼应，构成一幅“天山花海”的绝美画卷。

伊犁河谷和薰衣草原产地法国普罗旺斯地处同一纬度，两地的气候条件、土壤环境极为相似，最适宜薰衣草的生长。

伊犁河谷主要种植着狭叶薰衣草和杂薰衣草两个品种，伊犁河谷已成为我国薰衣草的唯一生产区，占中国薰衣草种植面积和产量的 97% 以上，成为世界三大薰衣草产区之一（另外两个主产区为法国普罗旺斯和日本北海道）。

文旅嵌入 三产融合

伊宁县将薰衣草种植、精深加工及文化旅游紧密结合，以规模化、产业化、科技化、品牌化、高效化为目标，依托薰衣草田园综合体、旅游文化产业园等平台，融合农业观光、采摘体验、科普教育、文化休闲及美食购物等多元化功能，形成天山花海生态农林园等特色项目，为经济发展注入紫色动力。

百变薰衣草

薰衣草，属唇形科多年生亚灌木植物，株高 30 ～ 90 厘米，基部多分枝，密生短柔毛，叶为线形或披针状线形，开绛紫色小花，花期为每年 6—7 月，果期为每年 8—9 月。花中含有精油 0.8%（干花含油 1.5%）。

薰衣草精油

薰衣草不仅具有观赏价值，还衍生出丰富多样的产品，从原植物产品到初加工产品，再到精加工产品等。

从薰衣草中提取的精油是高级化妆品的宝贵原料，同时其被广泛应用于医药、国防、环卫等领域。此外，它还具有清热解毒、散风止痒等作用，可缓解头痛、头晕、口舌生疮、咽喉红肿、水火烫伤、风疹、疥癣等病症。

科技助力田间管理
实现小麦丰产丰收

立足伊犁河谷气候特点，伊宁县以“增密降高、系统化调”为核心，优化品种筛选、精细整地、适期播种、干播湿出、系统化控、水肥一体、病虫害综合防治、适时收获，开展高产试验、大面积示范，规模化连片种植超过 21 万亩。

小麦特色美食

作为自然的馈赠，品质上乘的小麦面粉经过匠心独运的揉捏与烹饪变成各具风味的民族特色面食，成为餐桌上一道道美味佳肴，呈现民族的文化传承与饮食智慧。

馕

馕多以麦面为原料，辅之以芝麻、洋葱、鸡蛋、清油、酥油、牛奶、盐、糖等佐料烤制而成。

包尔萨克

包尔萨克，哈萨克族的传统面食，以牛奶、面粉等为主要原料，油炸而成，常搭配奶茶食用，口感酥香甜美。

烤包子

烤包子，主要是在馕坑中烤制，包入羊肉丁、洋葱、孜然粉等原料做成的馅。

察布查尔锡伯自治县

地域范围

察布查尔锡伯自治县坐落于伊犁河谷盆地之南缘，紧依伊犁河南岸，东邻巩留县，南邻特克斯与昭苏两县，西邻哈萨克斯坦，北与伊宁市、霍城县及伊宁县隔河相望。

悠久的水稻种植历史

清乾隆二十九年（1764 年），中央政府抽调一支 3 000 多人的锡伯族官兵西迁到察布查尔锡伯自治县驻防屯田。清嘉庆七年（1802 年）锡伯族领袖图伯特，为巩固边防、发展生产，带领官兵兴修水利，经过六年（1802—1808 年）的辛勤劳动，挖出了深约 3.33 米，渠底宽一丈二寸，渠面宽约 10 米，东西长约 120 千米的“察布查尔布哈”（“布哈”在锡伯语中意为“大渠”）。大渠的建成解决了当地生产水源的问题，促进了当地的水稻种植。现今察布查尔锡伯自治县已成为新疆三大水稻种植基地之一。

180.89 万亩
农作物播种面积

5.92 万吨
水稻年产量

8.65 万亩
水稻播种面积

注：农业生产经营数据来源于《察布查尔锡伯自治县 2023 年国民经济和社会发展统计公报》。

稻鸭共生 塞外米香

水稻种植

水稻加工

大米产品

察布查尔锡伯自治县独特的土质、水源和自然生态环境孕育了大米独特的风味。察布查尔大米米粒晶莹透亮、整齐饱满、光洁度高、不含杂质，烹饪时散发浓郁香味，结构紧密、胶质含量高、口感极佳、品味香醇，深受广大消费者的青睐。

察布查尔大米的胶稠度为≥ 85 mm，直链淀粉含量为≤ 20%，粗蛋白质含量为≥ 5%，垩白率为≤ 4.5%，米质无腹白，具有良好的适口性。察布查尔大米富含维生素 B_1、维生素 B_2、钙、磷、铁及人体所需的 15 种氨基酸。

稻鸭共生

稻鸭共生是一种新型的农业生态模式，它将鸭子与水稻种植巧妙结合。这种模式是指在稻田中放养鸭群，鸭子在稻田中自然觅食，利用其杂食性帮助清除稻田中的杂草和害虫，减少化肥农药和除草剂的使用。同时，鸭子的粪便成

了水稻生长所需的优质肥料，提高了土壤的肥力和水稻的产量。鸭子的活动还能改善稻田的土壤结构和通风性，进而促进水稻的健康生长。

霍 城 县

地域范围

霍城县坐落于伊犁河谷西北部，南北长约 120 千米，东西宽 85 千米，与伊犁哈萨克自治州首府伊宁市相距 45 千米，东邻伊宁市，西接霍尔果斯市，北临博乐市，南与察布查尔锡伯自治县隔河相望，全县总面积达 2 916 平方千米。

绿色发展

霍城县以其得天独厚的自然条件孕育了众多优质蔬果，其中以番茄和辣椒著称。霍城番茄得益于当地充足的日照、较大的昼夜温差以及肥沃的土壤，不仅色泽鲜艳、口感醇厚，而且富含丰富的维生素 C 和番茄红素，是制作番茄酱、果汁及健康食品的上乘品种。

霍城辣椒以其独特的辣中带香、色泽鲜亮的特点而闻名。这里的辣椒种植采用传统与现代技术相结合的栽培方式，确保了辣椒的高品质与安全性。

2.3 万亩
蔬菜种植面积

9.5 万吨
蔬菜总产量

99.23%
农作物耕种收综合机械化率

注：农业生产经营数据来源于《霍城县 2023 年国民经济与社会经济发展统计公报》。

『蔬』写财富 绿色育苗

绿色育苗

结合现代育苗技术与地膜覆盖技术，通过优化生长环境来提高菜苗的成活率，并缩短栽培周期。

现代育苗技术通过智能温控系统为种苗提供了理想的生长条件，使种苗能在早春季节顺利生长，避免了外界寒冷带来的不利影响。采用这种方式，农民可以提前育苗，确保在合适的季节移栽，进而提高生产效率。此外，农民还可以充分利用地膜覆盖技术，以确保土壤湿润和保温效果良好，这有助于种子快速发芽和苗木生长，抑制杂草生长，并减少人工除草的成本。

巩留县

地域范围

巩留县地处伊犁河谷中部，伊犁河上游南侧，天山支脉那拉提山北麓，东邻新源县，西接伊宁县，北邻尼勒克县，南与特克斯县相接，全县总面积达4 528平方千米。

中草药特色产业

中草药种植是巩留县的优势产业，形成了“一区两带多点”种植格局，构建了集中药材种植培育、粗加工、精深加工、销售于一体的中药材全产业体系，素有“天山药谷”的美称。

≥10万亩
中药材种植面积

305亩
核心试验示范种植区

≥150种
中药材种植品种

注：中药材生产经营数据来源于巩留县2024年政府工作报告。

天山药谷

药旅融合

新疆伊犁国家农业科技园区巩留示范园位于塔斯托别乡巴哈拜村，从高空俯瞰，示范园呈蝴蝶状，有蝶园浓缩展示区 55 亩，试验示范种植区 250 亩，包括野生药用植物驯化示范区、民族特色药材试验种植区、水生药用植物试验种植区等。

“药旅融合”是新疆伊犁国家农业科技园区巩留示范园发展的“重头戏”。

药旅融合

巩留县打造“天山药谷”，不仅注重中草药产业的发展，还将中草药文化与旅游紧密结合，形成了“药旅融合”的独特发展方式。游客既可以参观中草药的栽培、生产、加工过程，又可以购买中草药附属产品，领略中草药文化的魅力。

鲁冰花
鸡冠花
苋科青葙属
【性味】：甘、涩，凉。
【归经】：归肝、大肠经。
【功效】：收敛止血，止带，止痢。

白术

新 源 县

地域范围

新源县东接艾肯达坂分水，西止特克斯河与巩留县相望，南接那拉提山、大吉尔尕朗河、和静县，北界阿布热勒山、安迪尔山与尼勒克县相邻，全县总面积 7 581 平方千米。

生态环境优质的草原明珠

新源意为“新开拓之原野也”，素有“草原明珠、新疆酒乡”之美誉，生态环境质量在新疆 91 个县市中位居第一。全县有新疆乃至全国优质的天然草场，面积约 761.66 万亩。

新源县深耕特色养殖领域，依托科技力量提升养殖水平，从优质的牛、马、羊等品种养殖到特色的骆驼养殖，再到绿色生态的禽类养殖，探索出一条独具特色的养殖之路。

≥ 160 万头
牲畜存栏

≥ 58 000 吨
肉类总产量

≥ 86 000 吨
奶类产量

注：数据来源于《新源县 2023 年国民经济和社会发展统计公报》。

畜势腾飞 生境优质

新疆褐牛　百年瑰宝

新源县褐牛具有近百年的培育历史，是中国自主培育的首个乳肉兼用牛品种。作为伊犁州的主要畜种，新源县褐牛具有耐寒、耐粗饲、抗逆性强、肉质好等特性。

通过构建褐牛良种繁育体系，大力推进规模化、标准化、产业化养殖进程，不断提高褐牛的品质和生产水平。引入先进育种技术，加速肉用、乳用品系培育，为养殖户提供高质量种牛，推动养殖业升级。

伊犁州
15-115

骆　驼

骆驼全身都是宝，驼绒是上等的纺织原料，骆驼肉是低脂、高蛋白质的天然绿色食品，驼奶营养价值远高于一般的动物乳制品。

新源县加大对骆驼养殖业的扶持力度，提供良种繁育、饲料配比、疾病防治、驼奶采集等专业技术指导，鼓励成立骆驼养殖合作社，引进企业合作，推动骆驼养殖向科学化、规模化方向发展，打造集产奶、加工、包装、销售于一体的骆驼产品产业链。

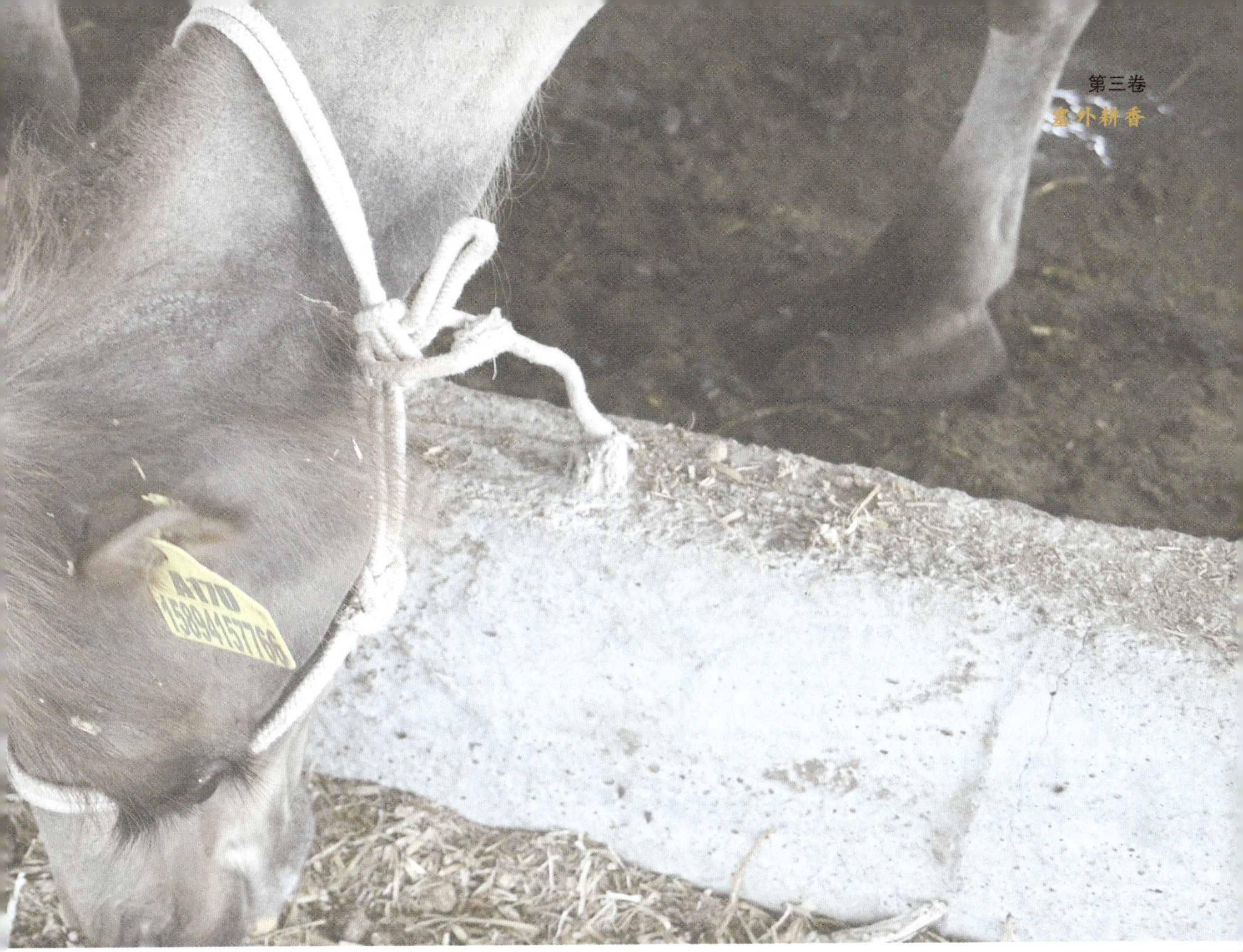

新源县那拉提草原牧场

昭 苏 县

地域范围

昭苏县位于天山北麓西端、伊犁哈萨克自治州西南部，伊犁谷地特克斯河上游的山间盆地。东与特克斯县接壤，南与拜城县、温宿县隔天山山脉相望，西与哈萨克斯坦交界，北与察布查尔锡伯自治县毗邻，总面积1.12万平方千米，是古代乌孙国故地。

中国油菜之乡

昭苏盆地四周环山、海拔高、降水量充沛、气候冷凉湿润、日照时间长。其特有的光热资源有利于油菜等喜凉作物的生长发育，这里是新疆最大的春油菜花产区，被誉为“中国油菜之乡”。

348.65 千克
百亩示范田平均亩产

334.92 千克
千亩示范田平均亩产

297.98 千克
万亩示范田平均亩产

注：示范田平均亩产数据来源于昭苏县农业农村局。

乌孙故地 油菜之乡

昭苏油菜

漫无边际的油菜花犹如一条条金色的织毯席卷着广袤无垠的昭苏大草原，与天山遥相辉映，堪称西部盛景。各地游客纷纷来到昭苏，享受着“从身边连到山边，从山边连到天边”的油菜花盛景。

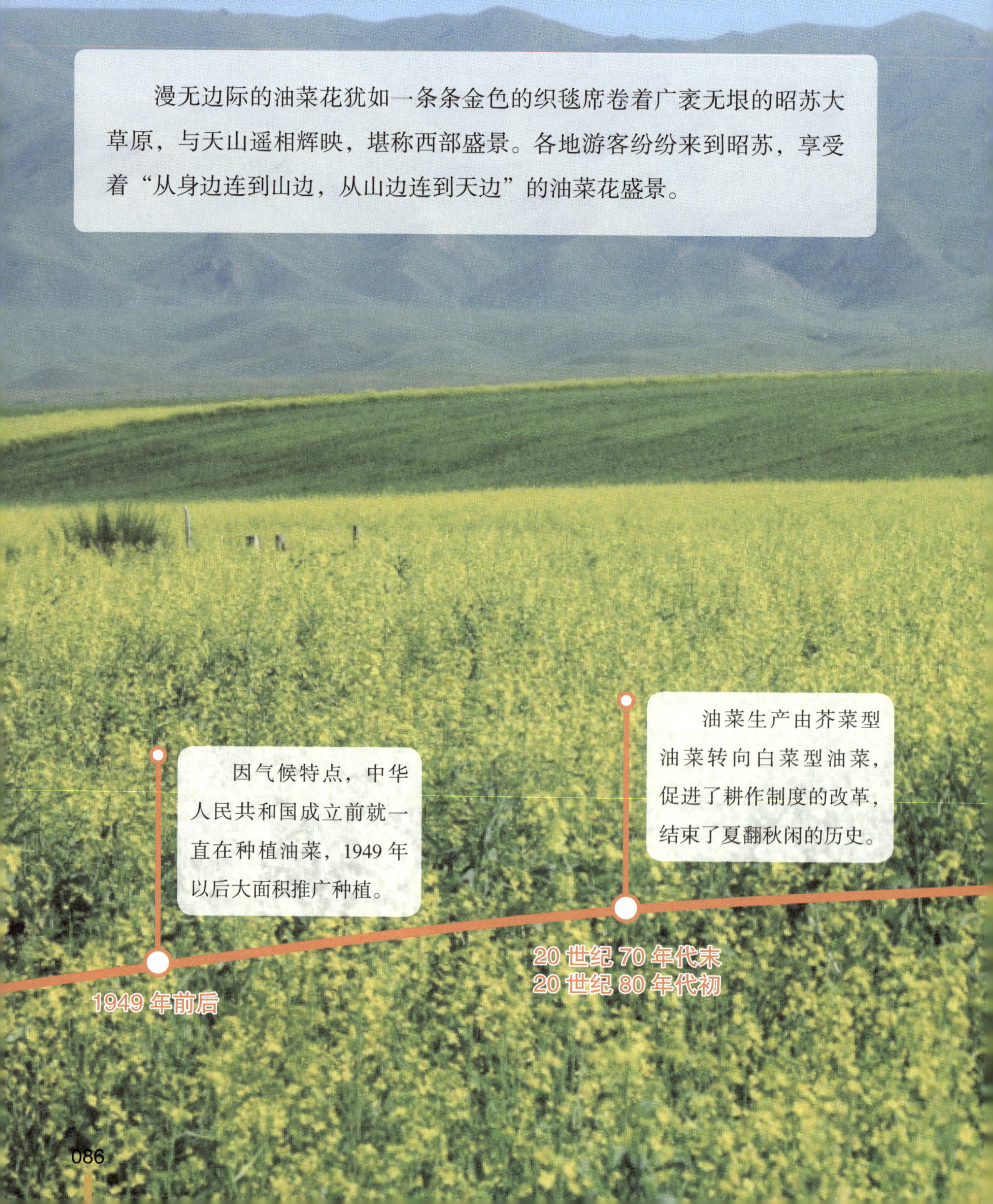

因气候特点，中华人民共和国成立前就一直在种植油菜，1949 年以后大面积推广种植。

1949 年前后

油菜生产由芥菜型油菜转向白菜型油菜，促进了耕作制度的改革，结束了夏翻秋闲的历史。

20 世纪 70 年代末
20 世纪 80 年代初

20世纪90年代末

油菜生产由白菜型油菜转向甘蓝型油菜，单产和品质大幅度提高。

2002年至今

油菜生产由常规品种转向杂交品种，杂交甘蓝型油菜单产和效益成倍提高。

新疆最大的春油菜产区

气候

温带山区半干旱半湿润冷凉气候类型，“冬长无夏、春秋相连”，≥ 5 ℃的积温为 1 981.8 ℃，≥ 10 ℃的积温为 1 328.1 ℃。无霜期 98 天，年均日照时数 2 699 小时。独特的气候条件适合春油菜生长。

地貌

山间盆地，形成一个封闭而独特的自然生态环境，具有种植双低油菜和杂交油菜的良好天然隔离条件，有利于生产优质油菜。

全国少有的芥菜型、白菜型、甘蓝型三大类型油菜同时生产区。

水文

水资源丰富，河流主要以高山冰雪融水为补给来源，水质良好。

土壤

土壤以黑钙土为主，土质疏松，可耕性好，土壤结构层次优良，腐殖层较厚，有机质含量高，是种植生产绿色食品双低油菜的天然基地。

全链条管理

选择地势平坦，灌溉方便，土层深厚、疏松、肥沃的地块。前茬选小麦、大麦、马铃薯等茬种植，严禁连作。整地质量达到“齐、平、松、碎、净、墒”和上虚下实的标准，油菜为双子叶作物，顶土力弱，对耕作条件要求高。秋翻22厘米以上，可蓄水保墒，消灭杂草，促进土壤熟化，改良土壤结构，提高土壤肥力。

油菜生态生产过程

种子处理及播种

籽粒均匀饱满，发芽率 90% 以上，净度 98% 以上。

土肥水管理

一般每亩施氮肥 5 千克、磷肥 30 千克、钾肥 10 千克。在油菜现蕾至开花初期用速乐硼、磷酸二氢钾进行叶面追肥 1 ～ 2 次。

病虫害防治

遵循“预防为主，综合防治”植保方针，坚持“农业防治、物理防治、生物防治为主，化学防治为辅”无害化控制原则。

收获及储藏

终花后 30 天左右，当全株 2/3 角果呈黄绿色，主轴基部角果呈枇杷色，种皮呈黑褐色时，为适宜收获期。

生产记录

昭苏油菜生产的全过程，按照《昭苏县绿色食品油菜籽栽培技术规程》要求建立生产记录档案，必须做到准确、清晰、工整、完全，全面记载并妥善保存，以备查阅。

注：文字参考“昭苏油菜”农产品地理标志公告材料。

天空之城

昭苏油菜花海

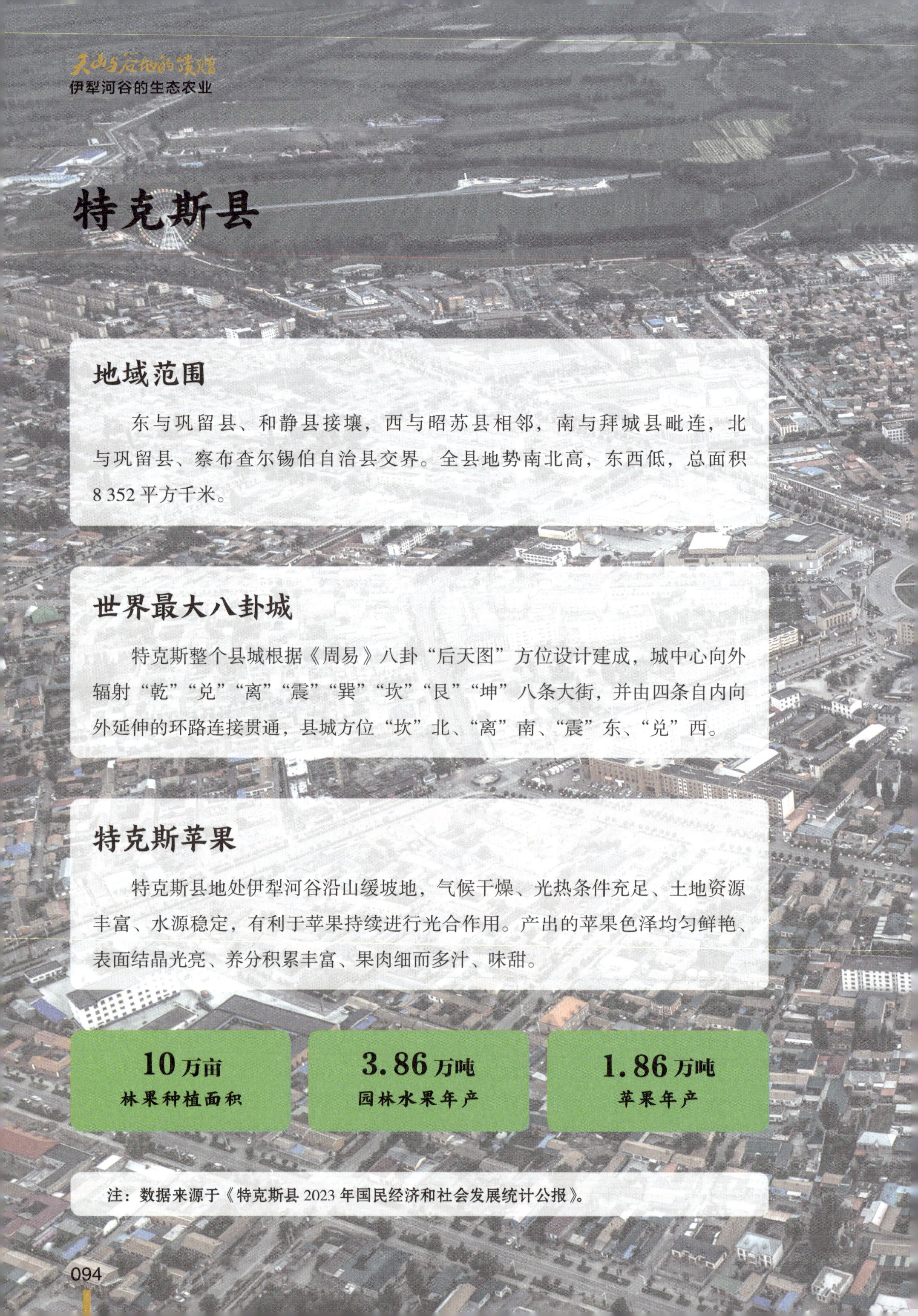

特克斯县

地域范围

东与巩留县、和静县接壤，西与昭苏县相邻，南与拜城县毗连，北与巩留县、察布查尔锡伯自治县交界。全县地势南北高，东西低，总面积8 352平方千米。

世界最大八卦城

特克斯整个县城根据《周易》八卦“后天图”方位设计建成，城中心向外辐射“乾”“兑”“离”“震”“巽”“坎”“艮”“坤”八条大街，并由四条自内向外延伸的环路连接贯通，县城方位“坎”北、“离”南、“震”东、“兑”西。

特克斯苹果

特克斯县地处伊犁河谷沿山缓坡地，气候干燥、光热条件充足、土地资源丰富、水源稳定，有利于苹果持续进行光合作用。产出的苹果色泽均匀鲜艳、表面结晶光亮、养分积累丰富、果肉细而多汁、味甜。

10 万亩
林果种植面积

3.86 万吨
园林水果年产

1.86 万吨
苹果年产

注：数据来源于《特克斯县 2023 年国民经济和社会发展统计公报》。

千年果香 解忧之城

苹果之乡

特克斯县有着悠久的苹果栽培历史（栽培历史超过 2 000 年），是世界苹果起源地之一，被誉为“苹果之乡”。

特克斯县通过更新果树品种、延伸产业链条、提升产品附加值，让苹果树成为村民的“摇钱树”。

苹果生态生产过程

施肥管理

有机肥和化肥配合使用，以有机肥为主，化肥为辅。

花果管理

对花芽多的树进行花前复剪，花期采用蜜蜂、壁蜂和人工授粉，苹果谢花后疏果并套用纸袋。

整形修剪

幼龄树修剪，以整形、扩大树冠为主，冬剪为主，冬夏剪结合；成龄树修剪，多疏少截、加强夏剪、使树体尽快进入盛果期。

采收贮存

按照国家分级标准进行采摘，采用纤维纸箱包装。贮藏库的温度保持在 0 ～ 1 ℃，空气相对湿度保持在 90% 以上。

生产记录

如实记录生产投入品的名称、来源、用法、用量、使用和停用的日期，收获日期，质量检测情况，销售情况，生产记录保存两年。

注：文字参考“特克斯苹果”农产品地理标志公告材料。

尼勒克县

地域范围

尼勒克县西与伊宁县接壤，西南与巩留县隔河相望，东南与新源县毗邻，东与和静县为界，北与精河县为界。县境由东向西延伸，呈长条形，似柳叶状，总面积为 10 130 平方千米。

尼勒克黑蜂

世界四大名蜂之一，体型大、体质好、体能强。抗病和抗寒能力强，在 −30 ℃以下寒冬里能安全越冬，在 8 ℃气温中还能到野外采蜜。飞行高度大，采蜜半径大，可采集到海拔 1 800 ～ 2 500 米天山深处无污染的鲜花分泌液。所产蜂蜜含糖量高，含有矿物质、有机酸、蛋白质、维生素和酶等营养成分。

504 户
养蜂户

60 000 群
蜂群规模

1 200 吨
年生产成熟蜜规模

100 万亩
上乘蜜源

76 种
中药保健价值花草

1.2 亿元
蜂产业产值

注：黑蜂生产经营数据来源于伊犁哈萨克自治州人民政府。

天山蜜语 蜂之精品

环境友好型黑蜂养殖

推行蜂业标准化、规范化养殖，加强标准化蜂场建设，逐步建立蜂产品质量追溯管理信息平台，保证蜂群的健康生产和蜂产品的质量安全；大力推广成熟蜜标准化生产，构建集安全越冬、病虫害防控、质量控制等技术于一体的成熟蜜高效生产技术体系，提升“伊犁蜂蜜”品质，打造绿色蜂产品。

按月轮作

精心谋划特色蜂蜜生产，精准对接市场多元化需求。推广强群多箱体蜜蜂饲养技术，引导蜂农在4—9月，实施按月轮作的高品质蜂蜜生产计划。

4—5月

专注采集蒲公英花蜜，打造清新独特的春季蜜品。

6月

聚焦于霍城县与伊宁县，集中力量生产芳香四溢的薰衣草蜂蜜产品。

7—9 月

转向山花与油菜花的丰富资源，产出浓郁甘甜的山花蜜与油菜蜜和薰衣草蜂蜜产品。

按月轮作延长了蜂蜜的生产周期，提升了蜂蜜的总产量与品质，为蜂农带来了更加可观的收入，实现了生态效益与经济效益的双赢。

2023 年中国蜂协会授予尼勒克县“共建中国新疆黑蜂蜂蜜之乡”称号。

俯瞰天山河谷，方见中华农耕文明生生不息；

漫步伊犁河两畔，感受各民族共同绘制的丰收画卷；

从丰富多样的农作物种植，到独具特色的畜牧养殖；

从稻鸭共生的生态智慧，到薰衣草田的紫色浪漫；

从鸡冠花的艳丽、千年的果香到醇厚的蜜浆、盎然的菜田；

伊犁河谷以其多元发展的农业模式，为我们展现了生态农业的无限可能……

“伊犁河流域生态型农业生产结构优化及评价课题组”考察足迹。

第三次新疆综合科学考察，“伊犁河流域生态型农业生产结构优化及评价课题组”考察掠影。